（法）纳奥米·黛丝克莱布　（法）希尔薇·黛丝克莱布 著

曹雅歌 译

蒙台梭利科学启蒙书 | 数字的故事

四川科学技术出版社

图书在版编目（CIP）数据

数字的故事 / (法) 纳奥米·黛丝克莱布,(法) 希尔薇·黛丝克莱布著;曹雅歌译. -- 成都:四川科学技术出版社,2020.1
（蒙台梭利科学启蒙书）
ISBN 978-7-5364-9600-2

Ⅰ. ①数… Ⅱ. ①纳… ②希… ③曹…Ⅲ. ①数字—少儿读物 Ⅳ. ①O1-49

中国版本图书馆CIP数据核字（2019）第283919号

著作权合同登记图进字 21-2019-572号
© La Librairie des Ecoles, 2018
7, Place des Cinq Martyrs du Lycée Buffon
75015 PARIS, France

The simplified Chinese translation rights arranged through Rightol Media （本书中文简体版权经由锐拓旗下小锐取得Emailcopyright@rightol.com）Chinese simplified character translation rights © 2019 Beijing Bamboo Stone Culture Communication Co.ltd

数字的故事
SHUZI DE GUSHI

著　　者　(法) 纳奥米·黛丝克莱布　(法) 希尔薇·黛丝克莱布
出 品 人　钱丹凝
策划编辑　村　上　高　润
责任编辑　王双叶　牛小红
装帧设计　胡椒书衣
责任出版　欧晓春
出版发行　四川科学技术出版社
　　　　　成都市槐树街2号　邮政编码：610031
　　　　　官方微博：http://e.weibo.com/sckjcbs
　　　　　官方微信公众号：sckjcbs
　　　　　传真：028-87734039
成品尺寸　170mm×220mm
印　　张　4　字数　80千
印　　刷　唐山富达印务有限公司
版　　次　2020年4月第1版
印　　次　2020年4月第1次印刷
定　　价　150.00元
ISBN 978-7-5364-9600-2
邮购：四川省成都市槐树街2号　邮政编码：610031
电话：028-87734035

■ 版权所有　翻印必究 ■

　　玛丽亚·蒙台梭利认为，六岁以前的孩子的最大需求在于通过实践的、感官的、具体的活动来认知真实世界。这其中的关键，在于引导孩子将他们心中那个极为丰富的想象世界与他们需要一点点掌握规律的现实世界区分开来。

　　另外，从六岁开始，孩子具备了利用想象力将自身投射在较远的时间与空间中的能力：无论是群星，最初的人类，史前动物，还是宇宙的诞生……

　　也是在这个年龄段，孩子们开始提出那些最本质的疑问：世界是从哪里来的？人类是从哪里来的？为什么人类会在地球上？我为什么会在地球上？为这些存在找到答案，成为他们关注的核心。

　　鉴于此，我们决定通过一套五本原创连续读物将孩子们引入知识的世界，它们包括了对宇宙、对生命、对人类起源和文化起源的介绍，架构清晰且引人入胜。

　　通过这五本科学读物，您的孩子不仅能得到这些问题的答案，还将建立他在历史和自身角色认知方面的信心，并为他日后的知识学习和心理发展打下良好的基础。

　　玛丽亚·蒙台梭利教育方法的优势和独特性，在于将世界的起源以故事的形式娓娓道来，这些故事既有趣，又充满启发性和建设性。我们因此请您像讲故事一样大声读出这些故事，并且要告知孩子"这些故事都是真的"。为了让孩子更喜欢这些故事，您完全可以像读其他故事那样加重语气，用一种特别迷人或神秘的叙述腔调，尽可能丰富讲述的表演感（例如调暗灯光），带领孩子惊叹着进入这神奇的知识世界，让这些内容在他们心目中留下深刻印象。因此在您为孩子高声讲出这些故事以前，最好自己先读一遍，以熟悉其中的内容。

这套书并不能算作孩子科学学习的第一步，而更应该被视为他们对科学兴趣的初次唤醒。书中所涉及的互动游戏将不会影响您给孩子讲故事的进程，并且可以在孩子听完故事后一起实践。总之，这套书会在您孩子的书架上陪伴他很久，值得一读再读。

在这第五本科学启蒙书中，您的孩子将明白数字系统是如何诞生和发展的。随着对数学、几何学以及它们具体应用的不断掌握，人类学会了计数、测量、建筑、发明、创造……

书中所涉及的信息就科学性而言都是正确的，从认知语境的角度出发，我们刻意避免了对细节的过分深入，以防孩子天然的好奇心被过剩的信息耗尽。

在阅读这本书的过程中，孩子们将会想更加深入地了解本书的主题，他们将学会尊重人类的过往、祖先、历史成就和天地间的伟大法则。一个了解了环绕在他周边世界的人，将不再会对世界怀有恐惧。

玛丽亚·蒙台梭利这位曾三次获得诺贝尔和平奖提名的女士一直深信，那些在孩童时期具有创造力、能够自由思考的人，长大成人后将会成为地球上善意的一员，令世界变得和平而美好。

贯穿本书，您将会发现这个符号，这是一些能够帮助您加深故事效果的互动内容，它将使书中的信息更为准确也更加易懂，有助于孩子们理解。

如果您希望与您的孩子完成互动内容，您需要提前进行准备，并将相关道具事先藏起来（例如藏在毯子下面），到互动环节再拿出来。

注意：大部分互动内容都很容易实现，但您依然需要全程在场以防任何可能的意外发生。

纳奥米·黛丝克莱布

　　在第四本蒙台梭利科学启蒙书中，你已经知道
了人类为什么要发明文字并且是如何发明文字的。

1 2 3 4 5

6 7 8 9 0

今天，我要给你讲的故事是关于一个同样伟大的发明——数字。

数字是用来做什么的呢？首先，当然是用来计数，同时也是用来计算和测量时间与距离的。史前人类在岩洞的岩壁上绘制猎人、动物和植物，他们可以一次次重复画同样的图案。但当史前人类希望展现65头野牛时，这样庞大的任务显然令他们一筹莫展！

史前人类只能 用他们的 **手指计数。**
在数目低于10的时候这还是很方便的：画3头
野牛时举起3根手指计数是十分简单的。

但想象一下，如果史前人类看到了一个 **27头野牛** 组成的牛群，他们双手的十指就不够用了 …… 他们缺乏一个快捷有效的用来 **表示数量的系统**。

N°1

这些在英国发现的具有刻痕的骨头，距今已有12000年历史！

人们认为史前人类最初使用木棍或石头计数，但木棍和石头在风雨中容易散乱。为了留住数字的记忆，史前人类开始用在骨头上刻画的方式计数。

但这一系统也仍然存在问题。人们还是不能表达245只鸟或753块石头，因为这还是需要耗费大量的时间，并且很容易出错。

 N°2

很久以后，**美索不达米亚的苏美尔人**发明了一种新的计数方法：他们用**圆形**和**短线**。一个整圆代表10，一个半圆则表示1。现在要表达27头野牛，只需要画2个圆来表达20，再用7个半圆来表达7即可。这个方法要比之前快捷方便多了！

 N°3

在这块小小的黏土板上记载着食物的数量。它已有超过**5000年**的历史了。

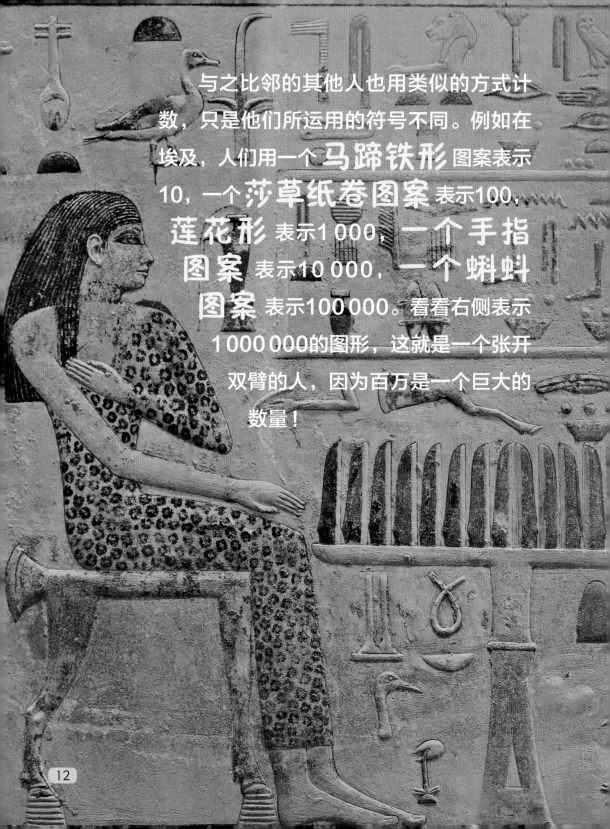

与之比邻的其他人也用类似的方式计数，只是他们所运用的符号不同。例如在埃及，人们用一个**马蹄铁形**图案表示10，一个**莎草纸卷图案**表示100，**莲花形**表示1 000，一个**手指图案**表示10 000，一个**蝌蚪图案**表示100 000。看看右侧表示1 000 000的图形，这就是一个张开双臂的人，因为百万是一个巨大的数量！

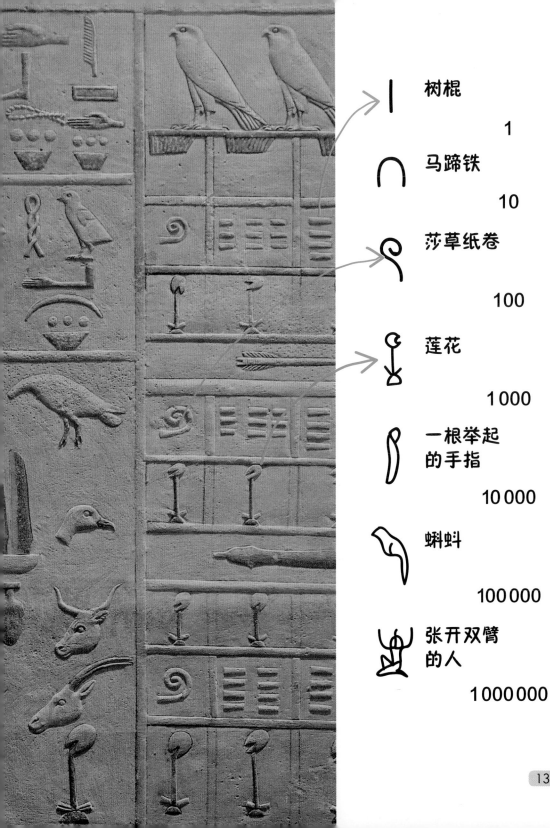

树棍

1

马蹄铁

10

莎草纸卷

100

莲花

1000

一根举起
的手指

10 000

蝌蚪

100 000

张开双臂
的人

1000 000

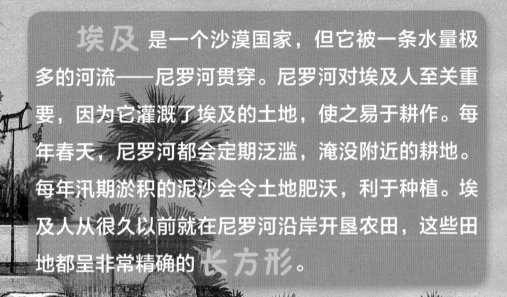

　　埃及是一个沙漠国家，但它被一条水量极多的河流——尼罗河贯穿。尼罗河对埃及人至关重要，因为它灌溉了埃及的土地，使之易于耕作。每年春天，尼罗河都会定期泛滥，淹没附近的耕地。每年汛期淤积的泥沙会令土地肥沃，利于种植。埃及人从很久以前就在尼罗河沿岸开垦农田，这些田地都呈非常精确的**长方形**。

但由于尼罗河每年的泛滥，田地之间的界限总会被抹去。如何在每次水灾后重新划分田土呢？"司绳"——土地测量员用一条有**13个绳结的绳子**测量出田地边界，在这条绳子的帮助下，他们得以测出每块田地的精确大小。仔细观察这幅图：你看到一条有着13个绳结的绳子，其上的长度被等分为了**12份**。

 N°4

这位土地测量员运用
13绳结测量田地

17

直角

为什么是13个结？仔细看示意图。为了画出一个矩形，必须画出四个直角。如何能够画出一个没有误差的直角呢？古埃及人发现一个三角形如果一条边为3个单位长度，另一条边是4个单位长度，而第三条边是5个单位长度时，它一定会形成一个标准**直角**！

 N°5

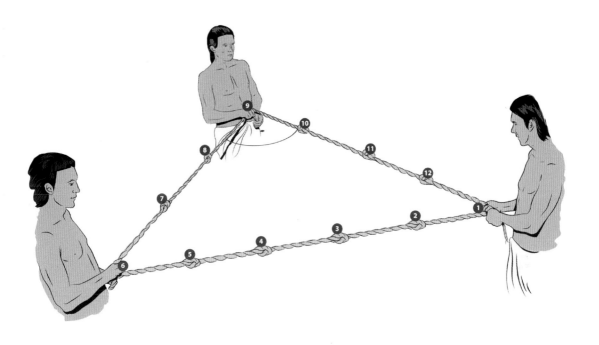

　　直角不仅能让土地测量员画出矩形的土地，也会令建筑师们建造出 **垂直的墙壁**，甚至金字塔！13结绳因此是当时非常重要的工具。

 N°6

古希腊人十分重视 数学 和 逻辑。
他们发现了许多我们至今仍在使用的伟大
的数学原理，这些都要归功于像泰勒斯、
毕达哥拉斯、欧几里得或阿基米德这些天
才的智者。

毕达哥拉斯是第一个确信地球是圆球形的人，也是他找到了画出完美直角三角形的方法。欧几里得发明了辗转除法。阿基米德测出了圆的周长和面积。他同样也以他的那句名言著称："Eurêka"，意思是"我发现了"。

21

　　有一部分**古希腊人**是伟大的**建筑师**和优秀的**数学家**。他们能够以非常简单的方法实现极为复杂的运算。

　　例如**泰勒斯**，他以测量出胡夫大金字塔的高度而令古埃及法老大为惊叹，而他仅仅使用了**木棍的影子**。

古希腊人不用图案而用 **字母** 来表达数字。直到今天，希腊字母也一直用于我们所书写的数学公式中。我们从右图就能看到古希腊数字。

1	I	100	H
2	II	500	⌐H
3	III	1 000	X
4	IIII	5 000	⌐X
5	Γ	10 000	M
10	△	50 000	⌐M
50	Γ△		

征服了古希腊的 **古罗马人** 发现古希腊人书写数字的方式非常方便，于是他们也加以效仿。古罗马人仅用 **7个符号** 就能够表达出 **从1到** **1 000 000** 的全部数字。由于古罗马帝国疆域辽阔，这套数字系统在它所征服的所有国家都得到应用。下图就是古罗马数字。

N°7

1	I	6	VI	50	L
2	II	7	VII	100	C
3	III	8	VIII	500	D
4	IV	9	IX	1000	M
5	V	10	X		

今天我们仍然在钟面上使用罗马数字，在提及
几世纪和几世皇帝时也多用罗马数字。

我们现在生活在公元21世纪，写作XXIᵉ世纪。XXI的意思是10+10+1=21。

法国皇帝Louis XVI读作"路易十六"，XVI的意思是：10+5+1=16。

N°8

然而，我们今天使用的数字则有另一段历史。这段历史起源于很久很久以前的 **中国**。古代中国的数学家们认为数字十分神奇。他们以手的十指为灵感发明了 **十进制系统**。他们将数字分为以十为单位、以百为单位和以千为单位，如同我们今天一样。这套十进制系统从古印度传播到了周边的阿拉伯国家。古印度人发明了我们今天所说的阿拉伯数字：*1，2，3，4，5，6，7，8，9*，后由阿拉伯人传向欧洲。

N°9

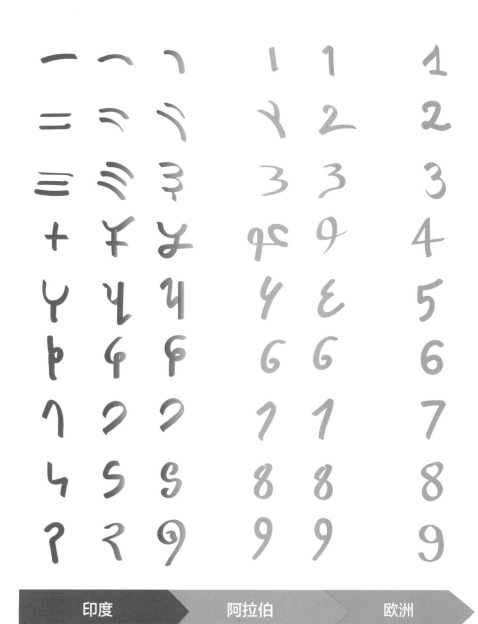

数字的演变

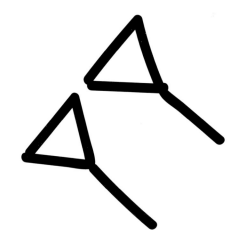

古巴比伦"0的符号"

但还缺个数字"0"！"0"的历史非常特殊。**古巴比伦人** 用"0的符号"来避免混淆1和10，但这个"0的符号"并没有其他含义：当一个古巴比伦人卖掉了他所有的羊，他只会说他再没有羊了。

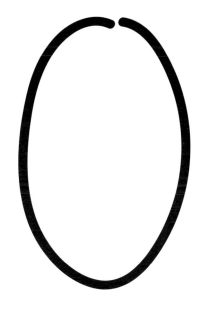

古印度符号"0"

　　"0"能够成为一个真正的数字，要归功于大约1400年前的**古印度人**。"0"可以很好地用来区分十位数、百位数和千位数。你将会明白它是多么有用——15只羊，105只羊和150只羊显然是截然不同的。但"0"本身还可以描述数量的"**没有**"。当所有的羊都卖光时，古印度人就可以说他还剩"**0**"**只羊**，也就是没有羊了。

后来，**欧洲人** 开始舍弃罗马数字而改用阿拉伯数字 **0** 到 **9**，这令他们在计数和计算大额数字时更加方便。由于有了这10个数字，人类运算的速度得以大幅提高。

但数学家们统一运算符号则又用了很长时间。在 **四则运算** 符号"**＋**，**－**，**×**，**÷**"和"**＝**"还未出现以前，人们只能用一长句话来描述运算。1+2=3写作"一加二等于三"。想想这会耗费多少时间！直到几百年后，加号"+"和减号"−"才终于出现。又过了100年，等号"="才被发明。之后还要再过将近100年，才等到乘号"×"和除号"÷"的出现！

N°10

计算机的祖先叫作Pascaline（滚轮式加法器）——世界上第一台用于计算的机器，在300多年前由一个名叫布莱瑟·帕斯卡的法国数学家发明。它可以进行自动运算，能够在不犯错误的情况下提高运算速度。

而今天，我们用电脑进行运算。

世界上第一台计算机 诞生于距今约70多年前，它可以完成每秒钟5 000次加法运算。今天的计算机要强大得多得多：某些超级计算机可以完成每秒20亿的平方次运算！即使世界上数学最好的人也永远赶不上计算机的速度。

 N°11

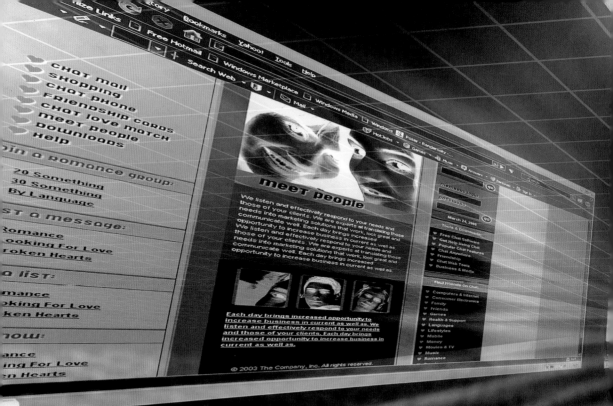

　　计算机由电子元件制造，而最基础的电子元件只有两个状态：开或关。为了适应计算机内部的电子电路，我们把这两种状态分别定义为"0"和"1"，采用"二进制"这样一种特殊的形式来表示。

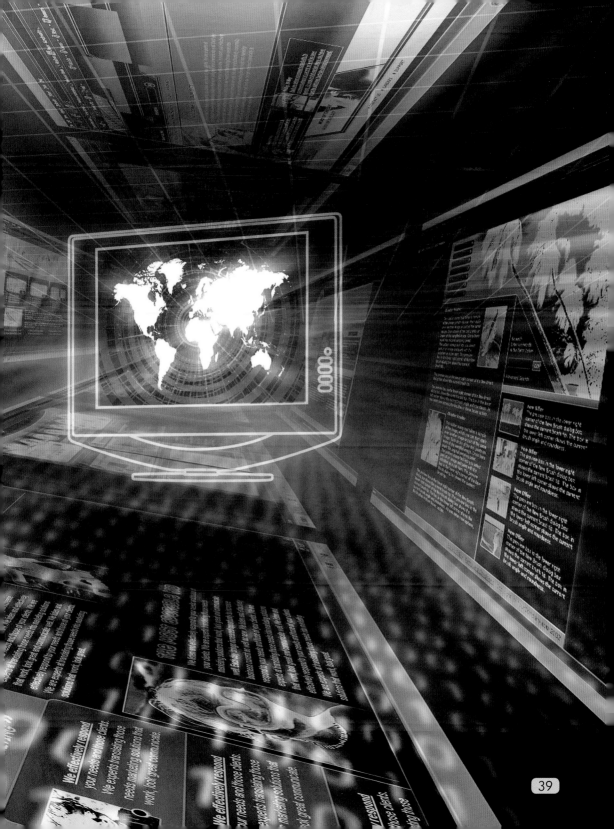

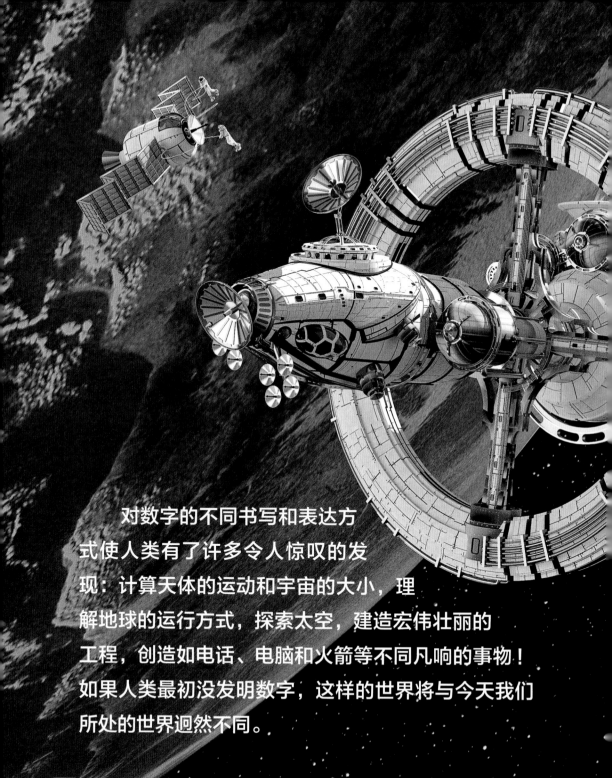

　　对数字的不同书写和表达方式使人类有了许多令人惊叹的发现：计算天体的运动和宇宙的大小，理解地球的运行方式，探索太空，建造宏伟壮丽的工程，创造如电话、电脑和火箭等不同凡响的事物！如果人类最初没发明数字，这样的世界将与今天我们所处的世界迥然不同。

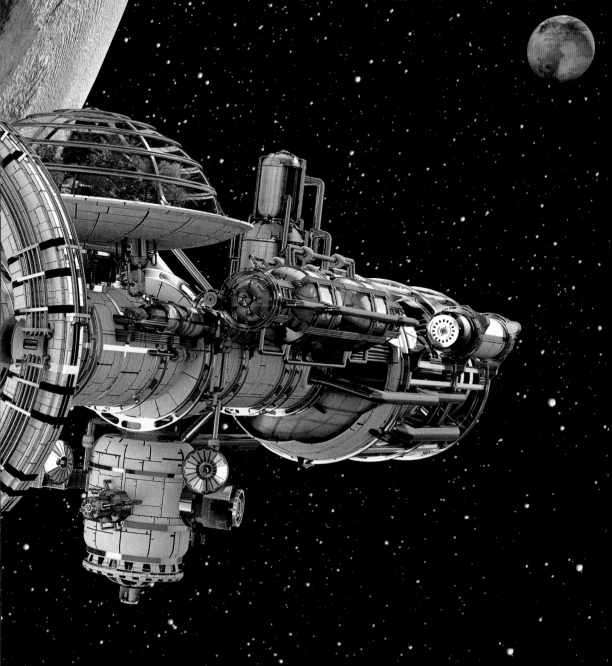

在这充满希望的探索中，我们结束了第五本也是

最后一本蒙台梭利科学启蒙书。

互动游戏 1

（见第6～7页）

目的

让孩子明白仅用手指来表达10以上数字的难度。

材料准备

- 纸
- 笔
- 卡片

互动游戏步骤

❶ 在若干卡片上书写10到100之间的若干数字。

❷ 让您的孩子随机选择一张纸卡。

❸ 让孩子仅仅用手指来表达
所选择的数字。

❹ 另选一张卡片，重复这一
过程，在孩子有兴趣的时
候可以多玩几次！

（见第8~9页）

 目的

让孩子明白仅用画线来表达10以上数字的难度。

 **材料准备**

• 黑色卡片　　　　　　　　　• 粉笔

互动游戏步骤

重复互动游戏1，这一次让孩子用画线的方式表达他所选的数字。

如果您没有黑色卡片，也可以选用带颜色的卡片。这是为了呈现出原始人在岩壁上书写的效果。

目的

了解苏美尔人是如何书写数字的。

材料准备

- 一根筷子（竹制）
- 相框
- 美工刀
- 擀面杖
- 一块黏土
- 砂纸

互动游戏步骤

① 选择一支底面为正方形或长方形的筷子，用裁纸刀从底面沿对角线纵向将筷子劈开，就得到了一支可以在黏土上书写楔形文字的苏美尔人的"芦苇笔"。

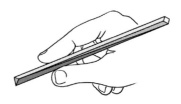

② 让您的孩子制作一块厚度为1厘米的黏土板，可以借助擀面杖将其压到平整均匀。

③ 让您的孩子像一个真正的苏美尔司书（文字誊写者）那样，席地盘腿而坐，一手拿黏土板，一手拿"芦苇笔"。

④ 让您的孩子"写"出15个小麦穗。

⑤ 提醒孩子"一个"用半圆形表示，"十个"用圆形表示。

⑥ 为他展示如何刻出符号：

为了用芦苇笔刻出这些数字，需要使用笔的圆形一端书写。

垂直按压芦苇笔则可以刻出圆形。

将芦苇笔倾斜倒下，则可以在黏土上印出半圆形。

画出麦穗的方法是，芦苇笔三角形一端朝下，用笔管从上至下轻轻用力按入黏土板，画出一个较长的"钉子"。

⑦ 首先请您的孩子在黏土板左侧画出一个小麦穗。

⑧ 之后让孩子在黏土板右侧用所学的方法写出数字15。

⑨ 您可以用同样的方式让孩子写出其他数量的其他物品。

⑩ 待黏土板干透后，用砂纸对其打磨，之后您可以将其装框，为孩子留作纪念。

互动游戏4 （见第16~17页）

 目的

用13结绳画出不同形状。

材料准备

- 一条绳子（不能太粗也不能太细）
- 木板

- 角尺
- 图钉

互动游戏步骤

❶ 制作一条13结绳，确保13个绳结将绳子划分为长度相同的12等份。根据绳子长度确定等分距离，帮助孩子打好绳结。

❷ 将两端多余的绳子剪去，使得整条绳子两端都为绳结。

❸ 让您的孩子在这条13结绳的辅助下画出以下几何图形：

　◎ 边长为4-4-4的等边三角形（向您的孩子解释这个三角形的三个角完全相等）

　◎ 边长为2-5-5的三角形

◎ 边长为3-4-5的直角三角形（之后可以用角尺验证画出来的是否是直角）

◎ 边长为2-4-2-4的长方形

◎ 边长为3-3-3-3的正方形

帮助孩子在木板上用图钉确定第一个角，之后的每个角都用图钉确定。

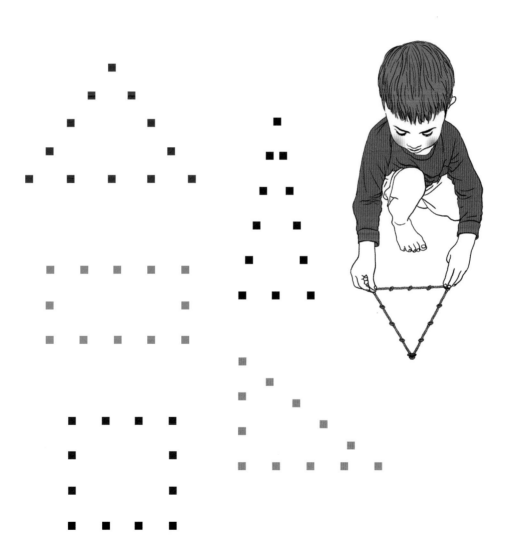

互动游戏 5

（见第18页）

目的

用13结绳画出一个圆。

材料准备

- 一条小绳子
- 铅笔
- 纸
- 图钉
- 木板

互动游戏步骤

❶ 与您的孩子一起制作一条13结绳，绳结间距离控制在2到5厘米之间（参考互动游戏4的第1步，见第46页）。

❷ 同您的孩子一起将绳子的一端用图钉固定在纸中央（将纸放在木板上），这将是圆心。

❸ 在绳子另一端固定一支铅笔。

❹ 让您的孩子抻直绳子轻轻画出一个圆。

❺ 让孩子用一条更长的绳子以同样方法在第一个圆外面用粉笔画出一个更大的圆。

互动游戏 6

 目的

用13结绳画出一座房子。

 材料准备

- 一条绳子（不能太粗也不能太细）   • 铅笔   • 图钉
- 一张大纸（A3、A2甚至A1大小均可，根据13结绳的长度选择）

互动游戏步骤

❶ 向孩子说明13结绳被广泛应用于建筑过程中。它可以用来绘制并且建造各种建筑——从埃及金字塔到很久之后的中世纪城堡。让孩子在13结绳的辅助下画出属于自己的房子图。

❷ 与您的孩子一起制作一条13结绳（参考互动游戏4的第1步，见第46页）。

❸ 让孩子在13结绳的帮助下定位出一个长方形，再画出长方形的四条边。

④ 让孩子定位出屋顶的三角形，再画出它的边框。

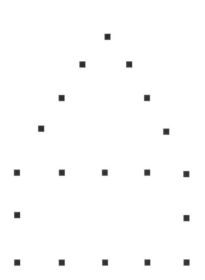

⑤ 可以让孩子画得更复杂些，例如画出一座中世纪城堡。您可以下图为例帮助孩子完成他的创作。

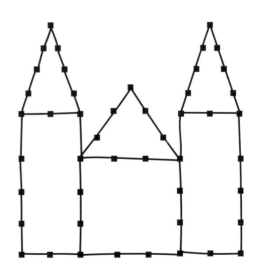

目的

了解罗马数字。

 材料准备

做一套"数字表"

- 制作6张写有罗马字母的卡片，下面标注阿拉伯数字和汉字，分别为：I（1 - 一），V（5 - 五），X（10 - 十），L（50 - 五十），C（100 - 百），M（1000 - 千）
- 制作6张一样的卡片，这次只有罗马字母，没有其他标注
- 制作6枚写有相应阿拉伯数字和汉字的标签

    注意：此类卡片是蒙台梭利特有的教学方法之一，可以用于孩子许多不同内容的学习。

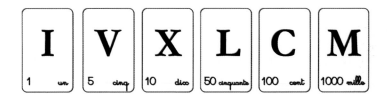

互动游戏步骤

❶ 带您的孩子一起好好观察这套数字表，让孩子将带注释的卡片在面前排开。与此同时，为孩子讲解这些数字的用法：如果I在V之前，需要用5（V）减去前面的数字。如果I在V之后，需要用5（V）加上后面的数字。

51

❷ 让孩子将带注释和不
带注释的卡片两两配
对，不带注释的卡片
在下。

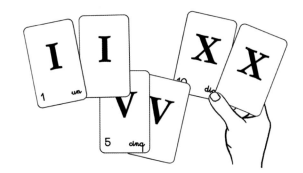

❸ 让孩子将标签放到相应的卡片组上。

❹ 将带注释的卡片翻转过去。

❺ 打乱标签顺序，让孩子重新
将标签放回相对应的位置。

❻ 让孩子通过翻转带注释的卡
片的方式自行比对结果是否
正确。

互动游戏 8

 目的

学会运用罗马数字。

 材料准备

- 火柴或小木棍

互动游戏步骤

❶ 用火柴或小棍从1到10排出罗马数字，让孩子辨认。

❷ 由您来说出数字，让孩子摆出相应的罗马数字。

❸ 当您的孩子对从1到10的罗马数字十分熟悉以后，开始教他认识从10到100的罗马数字写法，用新数字重复步骤1和步骤2。

目的

学习认识两位数。

材料准备

- 干鹰嘴豆
- 绿色铅笔
- 3厘米x2厘米大小的长方形卡片20张
- 蓝色铅笔

互动游戏步骤

❶ 将从0到9共10个数字用绿色铅笔写在10张卡片上，再用蓝色铅笔写同样的10张卡片。这样每个数字就有两张不同颜色的卡片表示。

❷ 选择两组同样的数字。在桌子左右侧将两个不同数字以相反顺序排放。例如，右侧放1和2，左侧放2和1。

❸ 让您的孩子按照两侧数字显示的数量数出相应的干鹰嘴豆，例如，右侧12颗，左侧21颗。

❹ 再选另外两组数字重复上面的步骤，并让孩子注意到桌子两侧干鹰嘴豆数量的差异。

⑤ 借助这些例子帮助孩
子推导出同样的数字
在十位上（左侧）时
是在个位上（右侧）
时候的十倍。

（见第34～35页）

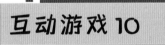

互动游戏 10

 目的

了解将运算全部用文字书写出来的难度。

互动游戏步骤

❶ 让孩子用文字写下一个算式，例如：十加十五等于二十五。

❷ 让孩子再用数字和运算符号写出同一个算式。

（见第36～37页）

 目的

对比计算机和人类的运算速度。

材料准备

• 计算器

互动游戏步骤

❶ 让孩子用计算器进行一系列两位数、三位数、四位数运算。

❷ 提醒孩子注意，无论运算多么复杂，计算器都能瞬间给出计算答案。

本套书图片来源汇总：

第一册《宇宙的故事》图片来源：

P48—51：Adobe Stock；Getty Images

第二册《生命的故事》图片来源：

P2—3：Adobe Stock

P4—5：Biosphoto

P6—7：SPL / Cosmos

P8—9：SPL / Cosmos

P10—11：SPL / Cosmos

P12—13：Adobe Stock

P14—15：Sébastien Danguy des Déserts

P16—17：Marianne Collins / Avec la permission du Musée royal de l'Ontario

P18—19：iStock

P20—21：iStock

P22—23：Alamy Stock Photo

P24—25：Alamy Stock Photo

P26—27：iStock

P28—29：Adobe Stock

P30—31：iStock

P32—33：SPL / Cosmos

P34—35：SPL / Cosmos

P36—37：SPL / Cosmos

P38—39：Cosmos

P40—41：National Geographic Creative / Bridgeman Images

P42—43：SPL / Cosmos

P44—45：Adobe Stock

P46—47：Getty Images

P48—49：SPL / Cosmos

P50—51：iStock

第三册《人类的故事》图片来源：

Couverture：iStock

P2—3：SPL / Cosmos

P4—5：Cosmos

P6—7：Cosmos

P8—9：SPL / Cosmos

P10—11：SPL / Cosmos

P12—13：Bridgeman Images

P14—15：SPL / Cosmos

P16—17：Cosmos

P18—19：Getty Images

P20—21：Cosmos

P22—23：Cosmos

P24—25：De Agostini Picture Library / Getty Images

P26—27：Fleurus Éditions « Dinosaures et préhistoire » collection « L'imagerie »
M. C Lemayeur, B. Alunni et E. Beaumont

P28—29：Cosmos

P30—31：Bridgeman Images

P32—33：SPL / Cosmos

P34—35：SPL / Cosmos

P36—37：Sébastien Danguy des Déserts

P38—39：Sébastien Danguy des Déserts

P40—41：Getty Images

P42—43：Sébastien Danguy des Déserts

P44—45：Sébastien Danguy des Déserts

P46—47：De Agostini Picture Library / Getty Images

P48—49：SPL / Cosmos

P50—51：iStock

第四册《文字的故事》图片来源：

Couverture：Sven Hoppe / dpa / Alamy Live News

P2：Cosmos

P5：Aisa / Leemage

P6：Look and Learn

P7：swisshippo / Premium Access / Getty Images；TonyBaggett / Premium Access / Getty Images；akg-images / Science Source

P8—9：Classic Image / Alamy Stock Photo

P10：S.Vannini / DeA / Leemage

P12—13：Photo Josse / Leemage

P14—15：AKG-images

P16—17：Leemage / DeAgostini

P18—19：Sabena Jane Blackbird / Alamy Stock Photo

P20—21：The British Library Board / Leemage

P22—23：Look and Learn

P30—31：Look and Learn

P33：alejomiranda / Premium Access / Getty Images

P34—35：Karin Hildebrand Lau / Alamy Stock Photo

P36—37：Bridgeman Images

P37（小图）：Look and Learn

P38：Look and Learn

P39：Bridgeman Images

P40—41：Jean-Noël Rochut

P42—43：seraficus / Premium Access / Getty Images

P44—45：AKG-images

第五册《数字的故事》图片来源：

Couverture：Photo Josse / Leemage; De Agostini Picture Library / G. Dagli Orti

P1：Elzza / Shutterstock

P2—3：balabolka / Shutterstock

P4—5：World History Archive / Alamy Stock Photo

P6—7：Thomas Aichinger / VWPics / Alamy Stock Photo

P8：Natural History Museum , London / SPL / Cosmos

P9：Look and Learn

P10：Adam Ján Fige / Alamy Stock Photo

P11：Angus McBride / Look and Learn

P12—13：Lanmas / Alamy Stock Photo

P14—15：Richard Hook / Look and Learn

P16—17：Bridgeman Images

P19：NoPainNoGain / Shutterstock

P20—21：J Planella/ Look and Learn

P26—27：AKG-images / Rabatti & Domingie

P28：Zsschreiner / Shutterstock

P29：Photo Josse / Leemage

P35：Bridgeman Images

P36：AKG-images / Science Source

P38—39：Nmedia / Adobe Stock

P40—41：Florent Pey / AKG-images